Rupesh Kumar Tipu

Implementação prática de modelos de aprendizagem automática

Rupesh Kumar Tipu

Implementação prática de modelos de aprendizagem automática

ScienciaScripts

Imprint

Any brand names and product names mentioned in this book are subject to trademark, brand or patent protection and are trademarks or registered trademarks of their respective holders. The use of brand names, product names, common names, trade names, product descriptions etc. even without a particular marking in this work is in no way to be construed to mean that such names may be regarded as unrestricted in respect of trademark and brand protection legislation and could thus be used by anyone.

Cover image: www.ingimage.com

This book is a translation from the original published under ISBN 978-620-7-80594-5.

Publisher:
Sciencia Scripts
is a trademark of
Dodo Books Indian Ocean Ltd. and OmniScriptum S.R.L publishing group

120 High Road, East Finchley, London, N2 9ED, United Kingdom
Str. Armeneasca 28/1, office 1, Chisinau MD-2012, Republic of Moldova, Europe
Printed at: see last page
ISBN: 978-620-7-85222-2

Implementação prática de modelos de aprendizado de máquina

A

Livro

Por

Rupesh Kumar Tipu

Escola de Engenharia e Tecnologia

Universidade KR Mangalam

Gurugram, Haryana, Índia

1

Conteúdo

PREFÁCIO

Bem-vindo à "Implementação prática de modelos de aprendizado de máquina". Este livro foi elaborado para fornecer um guia prático e abrangente para a implementação de modelos de aprendizado de máquina. Quer você seja estudante, pesquisador ou profissional da indústria, este livro tem como objetivo preencher a lacuna entre os conceitos teóricos e as aplicações do mundo real.

Por que este livro?

O aprendizado de máquina está transformando indústrias em todo o mundo. Da saúde às finanças, do varejo à indústria, a capacidade de analisar dados e fazer previsões está se tornando uma habilidade crítica. No entanto, muitos recursos concentram-se na teoria de alto nível ou nos detalhes essenciais da implementação, muitas vezes deixando os alunos com dificuldades para conectar os dois. Este livro aborda essa lacuna fornecendo explicações claras das teorias de aprendizado de máquina seguidas de implementações detalhadas e passo a passo usando Python.

O que você aprenderá

Este livro cobre uma ampla gama de modelos e técnicas de aprendizado de máquina, desde algoritmos fundamentais, como regressão linear e logística, até modelos mais avançados, como florestas aleatórias, máquinas de aumento de gradiente e redes neurais. Você aprenderá como pré-processar dados, selecionar e implementar modelos apropriados e avaliar seu desempenho.

Cada capítulo está estruturado para incluir:

- **Teoria** : Uma explicação clara e concisa dos princípios e conceitos subjacentes.

- **Implementação** : exemplos práticos de codificação que ilustram como aplicar esses conceitos usando bibliotecas Python populares, como scikit-learn, TensorFlow e Keras.

- **Estudos de caso** : exemplos do mundo real que demonstram a aplicação desses modelos a vários tipos de dados e problemas.

Quem deveria ler esse livro?

Este livro é destinado a:

- **Alunos** : Aqueles que são novos no aprendizado de máquina e procuram obter uma base sólida tanto na teoria quanto na prática.

- **Pesquisadores** : Indivíduos que precisam de exemplos práticos e trechos de código para implementar modelos de aprendizado de máquina em seus projetos de pesquisa.

- **Profissionais do setor** : cientistas de dados, analistas e engenheiros que desejam aprimorar suas habilidades e aplicar técnicas de aprendizado de máquina para resolver problemas do mundo real.

Pré-requisitos

Para aproveitar ao máximo este livro, você deve ter um conhecimento básico de programação Python. A familiaridade com conceitos fundamentais em estatística e álgebra linear também será benéfica, embora não seja estritamente necessária, uma vez que estes conceitos serão introduzidos e explicados conforme necessário.

Estrutura do Livro

O livro está dividido nos seguintes capítulos:

1. **Introdução ao aprendizado de máquina** : uma visão geral do aprendizado de máquina, suas aplicações e a estrutura do livro.

2. **Configurando seu ambiente** : instruções detalhadas sobre como instalar Python e bibliotecas essenciais, usar Jupyter Notebooks e configurar um ambiente de desenvolvimento.

3. **Pré-processamento de dados** : técnicas para compreender, limpar e preparar dados para modelos de aprendizado de máquina.

4. **Modelos de aprendizagem supervisionada** : cobertura aprofundada de regressão linear, regressão logística, árvores de decisão e máquinas de vetores de suporte.

5. **Modelos de aprendizagem não supervisionada** : Exploração de agrupamento k-means, análise de componentes principais (PCA) e agrupamento hierárquico.

6. **Modelos avançados de aprendizado de máquina** : discussões detalhadas sobre florestas aleatórias, máquinas de aumento de gradiente e redes neurais.

Escrever este livro foi uma jornada incrível e não teria sido possível sem o apoio e o incentivo de muitas pessoas. Gostaria de agradecer à minha família, amigos, colegas e à comunidade de aprendizado de máquina por suas contribuições inestimáveis. Agradecimentos especiais aos desenvolvedores e mantenedores das bibliotecas de código aberto que tornam o aprendizado de máquina acessível a todos.

O aprendizado de máquina é um campo em rápida evolução com imenso potencial. Este livro é apenas um ponto de partida e espero que inspire você a continuar explorando e inovando. Lembre-se de que a melhor maneira de aprender o aprendizado de máquina é fazendo. Então, mergulhe, experimente o código e aplique essas técnicas aos seus próprios projetos.

1.1 O que é aprendizado de máquina?

Machine Learning (ML) é um subcampo da inteligência artificial (IA) que se concentra no desenvolvimento de algoritmos que permitem aos computadores aprender e fazer previsões ou decisões com base em dados [1], [2], [3]. Ao contrário da programação tradicional, onde um programador escreve explicitamente regras e lógica, os modelos de aprendizagem automática identificam padrões e relações nos dados e utilizam esta informação para fazer previsões ou decisões sem serem explicitamente programados para executar a tarefa [4], [5], [6].

O aprendizado de máquina pode ser categorizado em três tipos principais (veja **Figura 1. 1**):

1. **Aprendizagem Supervisionada:** O modelo é treinado em dados rotulados, onde a saída correta é fornecida para cada exemplo de entrada. O objetivo é aprender um mapeamento de entradas para saídas.

2. **Aprendizagem não supervisionada:** o modelo é treinado em dados não rotulados, onde nenhuma saída explícita é fornecida. O objetivo é identificar padrões ou estrutura nos dados.

3. **Aprendizagem por Reforço:** O modelo aprende por tentativa e erro, interagindo com um ambiente e recebendo feedback na forma de recompensas ou penalidades.

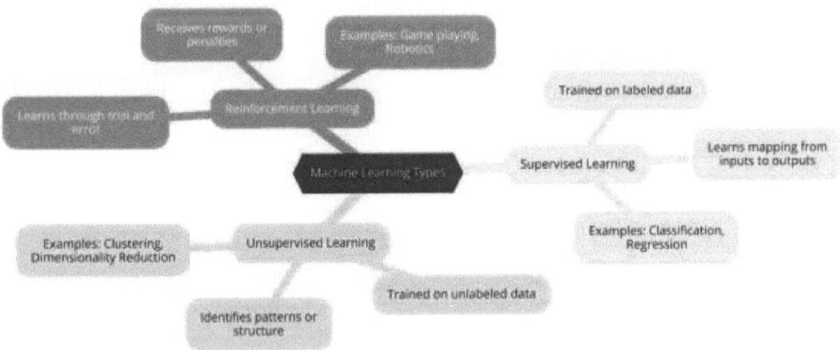

Figura 1. 1. Tipos de aprendizado de máquina com casos de uso

1.2 Aplicações de aprendizado de máquina

O aprendizado de máquina tem uma ampla gama de aplicações em vários setores, conforme mostrado na **Figura 1.** 2 [7], incluindo mas não limitado a:

1. **Saúde:** previsão de surtos de doenças, diagnóstico de doenças a partir de imagens médicas, planos de tratamento personalizados e descoberta de medicamentos.

2. **Finanças:** detecção de fraude, negociação algorítmica, pontuação de crédito e gerenciamento de risco.

3. **Varejo:** segmentação de clientes, previsão de demanda, recomendações personalizadas e gerenciamento de estoque.

4. **Transporte:** Veículos autônomos, previsão de tráfego, otimização de rotas e manutenção preditiva.

5. **Entretenimento:** Sistemas de recomendação de conteúdo (por exemplo, Netflix, Spotify), análise de sentimento e geração de conteúdo.

6. **Fabricação:** manutenção preditiva, controle de qualidade, otimização da cadeia de suprimentos e detecção de defeitos.

7. **Processamento de linguagem natural (PNL):** reconhecimento de fala, tradução de idiomas, análise de sentimentos e chatbots.

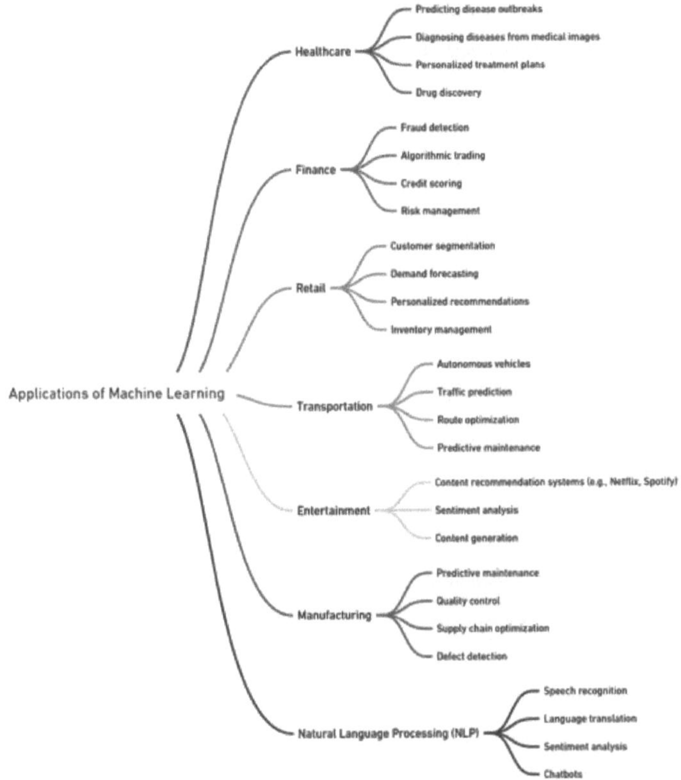

Figura 1. 2. Aplicação de modelos de aprendizado de máquina em diversas disciplinas

1.3 Visão geral dos modelos de aprendizado de máquina

Os modelos de aprendizado de máquina podem ser amplamente categorizados com base em seus paradigmas e técnicas de aprendizado, [8]conforme mostrado na **Figura 1. 3.** Alguns dos modelos mais comumente usados incluem:

1. **Regressão Linear:** Um modelo de regressão que assume uma relação linear entre as variáveis de entrada e a variável de saída.

2. **Regressão Logística:** Um modelo de classificação usado para prever resultados binários com base em recursos de entrada.

3. **Árvores de decisão:** um modelo que divide os dados em subconjuntos com base em valores de recursos, criando uma estrutura semelhante a uma árvore.

4. **Máquinas de vetores de suporte (SVM)** [9]: Um modelo de classificação que encontra o hiperplano ideal para separar diferentes classes.

5. **Clustering K-Means:** Um modelo de aprendizagem não supervisionado que agrupa pontos de dados em clusters com base na similaridade.

6. **Análise de Componentes Principais (PCA)** [10]: Uma técnica de redução de dimensionalidade usada para reduzir o número de recursos enquanto preserva a variância.

7. **Florestas Aleatórias** [11]: Um modelo de aprendizagem conjunto que combina múltiplas árvores de decisão para melhorar a precisão e reduzir o sobreajuste.

8. **Máquinas de reforço de gradiente:** um modelo de aprendizagem conjunto que constrói uma série de alunos fracos para criar um modelo preditivo forte.

9. **Redes Neurais** [12]: Modelos inspirados no cérebro humano que consistem em nós interconectados (neurônios) para processar padrões de dados complexos.

10. **Deep Learning:** Um subconjunto de redes neurais com múltiplas camadas ocultas, capaz de aprender representações hierárquicas de dados.

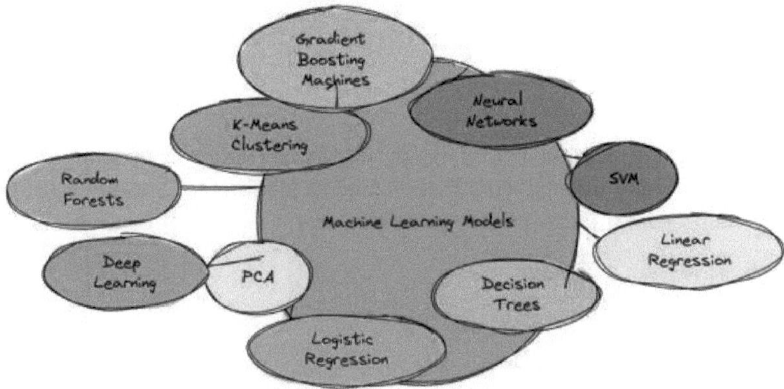

Figura 1. 3. Classificação de modelos de aprendizado de máquina

2.1 Instalando Python e bibliotecas essenciais

Para começar a implementar modelos de aprendizado de máquina, você precisa configurar um ambiente Python com as bibliotecas necessárias. Siga estas etapas para instalar o Python e as bibliotecas essenciais.

Etapa 1: instale o Python

1. Acesse o site oficial do Python: python.org

2. Baixe a versão mais recente do Python adequada ao seu sistema operacional.

3. Execute o instalador e marque a opção "Adicionar Python ao PATH" durante o processo de instalação.

Etapa 2: instalar bibliotecas essenciais

Depois de instalar o Python, você pode usar o gerenciador de pacotes pip para instalar bibliotecas essenciais. Abra um terminal ou prompt de comando e execute os seguintes comandos:

```
pip instalar numpy pandas matplotlib seaborn scikit-
learn
```

Essas bibliotecas incluem:

- **NumPy** : Para cálculos numéricos.

- **Pandas** : Para manipulação e análise de dados.

- **Matplotlib** : Para visualização de dados.

- **Seaborn** : Para visualização de dados estatísticos.

- **Scikit-learn** : Para algoritmos e ferramentas de aprendizado de máquina.

2.2 Introdução aos notebooks Jupyter

Os Jupyter Notebooks fornecem um ambiente interativo onde você pode escrever e executar código, visualizar dados e documentar seu processo. Para instalar o Jupyter Notebook, use o seguinte comando:

```
pip install notebook
```

Iniciando o Jupyter Notebook

1. Abra um terminal ou prompt de comando.

2. Digite caderno jupyter e pressione Enter.

Seu navegador padrão será aberto com a interface do Jupyter Notebook. Você pode criar novos notebooks e começar a codificar.

Uso Básico

No Jupyter Notebook, você trabalha com células que podem conter código, texto (Markdown) ou visualizações. Aqui está um exemplo rápido:

1. Crie um novo bloco de notas.

2. Selecione uma célula e configure-a para o modo de código.

3. Escreva e execute o código Python pressionando Shift + Enter.

```python
import numpy as np
import pandas as pd

# Creating a simple DataFrame
data = {'Name': ['Alice', 'Bob', 'Charlie'],
        'Age': [25, 30, 35]}
df = pd.DataFrame(data)
print(df)
```

Células de redução

Você também pode escrever texto formatado usando Markdown. Altere o tipo de célula para Markdown e escreva o seguinte:

```
# My First Jupyter Notebook

This is a **Jupyter Notebook** example.
```

Execute a célula para renderizar o Markdown.

2.3 Configurando um ambiente de desenvolvimento

Para projetos maiores, recomenda-se a utilização de um Ambiente de Desenvolvimento Integrado (IDE). Duas opções populares são **PyCharm** e **Visual Studio Code (VS Code)** .

PyCharm

1. Baixe PyCharm do site oficial: jetbrains.com/pycharm
2. Instale o PyCharm seguindo as instruções do site.
3. Abra o PyCharm e crie um novo projeto.
4. Configure um interpretador Python:
    - Vá para Arquivo > Configurações > Projeto: <nome_do_projeto> > Interpretador Python.
    - Adicione um novo interpretador apontando para a instalação do Python.

Código do Visual Studio (código VS)

1. Baixe o VS Code do site oficial: code.visualstudio.com
2. Instale o VS Code e abra-o.
3. Instale a extensão Python:

o Vá para a visualização Extensões clicando no ícone quadrado na barra lateral ou pressionando `Ctrl+Shift+X` .

o Procure por "Python" e instale a extensão fornecida pela Microsoft.

4. Abra a pasta do seu projeto e crie um novo arquivo Python.

5. Selecione o interpretador Python:

o Pressione `Ctrl+Shift+P` para abrir a paleta de comandos.

o Digite Python: Selecione Interpreter e escolha a versão do Python instalada.

Configurando ambientes virtuais

O uso de ambientes virtuais ajuda a gerenciar dependências de diferentes projetos. Veja como configurar um ambiente virtual:

1. Instale o virtualenv:

```
pip instalar virtualenv
```

2. Crie um ambiente virtual no diretório do seu projeto:

```
virtualenv venv
```

3. Ative o ambiente virtual:

o No Windows:

```
.\venv\Scripts\ativar
```

• No macOS/Linux:

```
source venv/bin/activate
```

4. Instale dependências no ambiente virtual:

```
pip install numpy pandas matplotlib seaborn scikit-learn
```

2.4 Introdução às ferramentas de ciência de dados

Várias ferramentas são essenciais para fluxos de trabalho eficazes de ciência de dados e aprendizado de máquina.

2.4.1 *NumPy*

NumPy é uma biblioteca fundamental para cálculos numéricos. Ele fornece suporte para arrays, matrizes e muitas funções matemáticas.

Exemplo:

```
import numpy as np


# Creating an array
arr = np.array([1, 2, 3, 4, 5])
print(arr)


# Basic operations
print(arr + 5)
print(np.mean(arr))
```

2.4.2 *Pandas*

Pandas é usado para manipulação e análise de dados. Ele fornece estruturas de dados como DataFrame e Series.

Exemplo:

```python
import pandas as pd


# Creating a DataFrame
data = {'Name': ['Alice', 'Bob', 'Charlie'],
        'Age': [25, 30, 35]}
df = pd.DataFrame(data)
print(df)


# Accessing data
print(df['Name'])
print(df.describe())
```

2.4.3 *Matplotlib e Seaborn*

Matplotlib é uma biblioteca de plotagem e Seaborn é construído sobre Matplotlib, fornecendo uma interface de alto nível para desenhar gráficos estatísticos atraentes.

Exemplo:

```python
import matplotlib.pyplot as plt
import seaborn as sns

# Creating sample data
data = {'Name': ['Alice', 'Bob', 'Charlie'],
        'Age': [25, 30, 35]}
df = pd.DataFrame(data)


# Plotting with Matplotlib
plt.plot(df['Name'], df['Age'])
plt.xlabel('Name')
plt.ylabel('Age')
plt.title('Age of Individuals')
plt.show()

# Plotting with Seaborn
sns.barplot(x='Name', y='Age', data=df)
plt.title('Age of Individuals')
plt.show()
```

2.4.4 *Scikit-aprender*

Scikit-learn fornece ferramentas simples e eficientes para análise preditiva de dados, incluindo classificação, regressão, clustering e muito mais.

Exemplo:

```python
from sklearn.model_selection import train_test_split
from sklearn.linear_model import LinearRegression
from sklearn.metrics import mean_squared_error

# Creating sample data
data = {'X': [1, 2, 3, 4, 5],
        'Y': [2, 4, 5, 4, 5]}
df = pd.DataFrame(data)

# Splitting data into training and testing sets


X = df[['X']]
y = df['Y']
X_train, X_test, y_train, y_test = train_test_split(X, y, test_size=0.2,
random_state=42)

# Training a linear regression model
model = LinearRegression()
model.fit(X_train, y_train)

# Making predictions
y_pred = model.predict(X_test)
print("Mean Squared Error:", mean_squared_error(y_test, y_pred))
```

Com essas ferramentas e configurações, agora você está pronto para mergulhar na implementação prática de modelos de aprendizado de máquina.

3.1 Compreendendo os dados

Compreender seus dados é a primeira etapa em qualquer projeto de aprendizado de máquina. Envolve conhecer os tipos de dados que você possui, sua estrutura e seus padrões inerentes. Essa compreensão ajuda na tomada de decisões informadas durante a fase de pré-processamento. Os principais aspectos a serem considerados incluem:

- **Tipos de dados** : identifique se seus dados são categóricos, numéricos ou uma mistura de ambos.

- **Distribuição de dados** : Analise a distribuição dos dados para compreender sua tendência central e variabilidade.

- **Formato dos dados** : entenda o número de recursos (colunas) e amostras (linhas) em seu conjunto de dados.

- **Relacionamentos de dados** : explore correlações e interações entre diferentes recursos.

Exemplo:

```python
import pandas as pd


# Loading a sample dataset
df = pd.read_csv('sample_data.csv')


# Displaying the first few rows of the dataset
print(df.head())


# Getting the summary statistics
print(df.describe())


# Checking for data types
print(df.dtypes)
```

3.2 Técnicas de limpeza de dados

A limpeza de dados envolve a remoção ou correção de dados errados, o que pode melhorar a qualidade da sua análise. As técnicas comuns de limpeza de dados incluem:

- **Removendo Duplicados** : Identificando e removendo registros duplicados.

- **Correção de dados inconsistentes** : padronização de formatos de dados e correção de erros de digitação.

- **Lidando com valores discrepantes** : Identificando e lidando com valores discrepantes que podem distorcer sua análise.

Exemplo:

```python
# Removing duplicate rows
df = df.drop_duplicates()


# Correcting inconsistent data
df['Column'] = df['Column'].str.lower()


# Handling outliers
Q1 = df['NumericalColumn'].quantile(0.25)

Q3 = df['NumericalColumn'].quantile(0.75)

IQR = Q3 - Q1

df = df[(df['NumericalColumn'] >= (Q1 - 1.5 * IQR)) &
(df['NumericalColumn'] <= (Q3 + 1.5 * IQR))]
```

3.3 Lidando com valores ausentes

Valores ausentes são comuns em conjuntos de dados e podem ser tratados de diversas maneiras:

- **Removendo valores ausentes** : Removendo linhas ou colunas com valores ausentes.

- **Imputação** : Substituição de valores ausentes por medidas estatísticas como média, mediana ou moda.

- **Usando algoritmos** : Empregando algoritmos de aprendizado de máquina para prever e preencher valores ausentes.

Exemplo:

```
# Removing rows with missing values
df = df.dropna()


# Imputing missing values with the mean
df['NumericalColumn'].fillna(df['NumericalColumn'].mean(), inplace=True)


# Imputing missing values with the median
df['NumericalColumn'].fillna(df['NumericalColumn'].median(),
inplace=True)
```

3.4 Dimensionamento e normalização de recursos

O escalonamento de recursos é essencial para algoritmos que dependem da distância entre pontos de dados, como k-vizinhos mais próximos (KNN) e máquinas de vetores de suporte (SVM). As técnicas comuns incluem:

- **Escala Mín-Máx** : redimensiona os dados para um intervalo fixo, geralmente de 0 a 1.

- **Padronização** : redimensionar os dados para ter uma média de 0 e um desvio padrão de 1.

Exemplo:

```python
from sklearn.preprocessing import MinMaxScaler, StandardScaler

# Min-Max Scaling
scaler = MinMaxScaler()
df['ScaledColumn'] = scaler.fit_transform(df[['NumericalColumn']])

# Standardization
scaler = StandardScaler()
df['StandardizedColumn'] = scaler.fit_transform(df[['NumericalColumn']])
```

3.5 Engenharia de recursos

A engenharia de recursos envolve a criação de novos recursos ou a modificação dos existentes para melhorar o desempenho dos modelos de aprendizado de máquina. As técnicas incluem:

- **Recursos polinomiais** : criação de termos polinomiais para capturar relacionamentos não lineares.

- **Termos de interação** : criação de recursos que capturam interações entre dois ou mais recursos.

- **Codificação de variáveis categóricas** : conversão de variáveis categóricas em formato numérico usando técnicas como codificação one-hot.

Exemplo:

```python
from sklearn.preprocessing import PolynomialFeatures

# Creating polynomial features

poly = PolynomialFeatures(degree=2, include_bias=False)

poly_features = poly.fit_transform(df[['NumericalColumn1',
'NumericalColumn2']])



# One-hot encoding categorical variables

df = pd.get_dummies(df, columns=['CategoricalColumn'])
```

Ao compreender e aplicar essas técnicas de pré-processamento de dados, você pode preparar seus dados para um treinamento eficaz do modelo de aprendizado de máquina e obter melhor desempenho e precisão.

4.1 Regressão linear

4.1.1 *Teoria*

A regressão linear é um algoritmo de aprendizado supervisionado simples, mas poderoso, usado para prever uma variável alvo contínua com base em um ou mais recursos de entrada. O objetivo é encontrar a linha de melhor ajuste (ou hiperplano em dimensões superiores) que minimize a soma das diferenças quadradas entre os valores reais e previstos.

O modelo de regressão linear representado pela equação:

$$\hat{y} = \beta_0 + \beta_1 x_1 + \beta_2 x_2 + \cdots + \beta_n x_n + \varepsilon$$

onde:

- $\hat{y}$ é a variável de destino.

- β_0 é a interceptação.

- $\beta_1, \beta_2, \ldots\ldots.\beta_n$ são os coeficientes para os recursos de entrada $x1, x2, \ldots, xn$.

- ϵ é o termo de erro.

Implementação

```python
import pandas as pd

import numpy as np

from sklearn.model_selection import train_test_split

from sklearn.linear_model import LinearRegression

from sklearn.metrics import mean_squared_error


# Load dataset

df = pd.read_csv('sample_data.csv')


# Define features and target variable
```

```python
X = df[['Feature1', 'Feature2']]  # Input features

y = df['Target']  # Target variable


# Split data into training and testing sets
X_train, X_test, y_train, y_test = train_test_split(X, y, test_size=0.2,
random_state=42)


# Create and train the model
model = LinearRegression()

model.fit(X_train, y_train)


# Make predictions
y_pred = model.predict(X_test)


# Evaluate the model
mse = mean_squared_error(y_test, y_pred)

print(f"Mean Squared Error: {mse}")
```

Estudo de caso

Vamos considerar um estudo de caso de previsão de preços de casas com base em vários recursos, como metragem quadrada, número de quartos e número de banheiros.

```python
# Load housing dataset
df = pd.read_csv('housing_data.csv')


# Define features and target variable
X = df[['SquareFootage', 'Bedrooms', 'Bathrooms']]

y = df['Price']
```

```python
# Split data into training and testing sets

X_train, X_test, y_train, y_test = train_test_split(X, y, test_size=0.2,
random_state=42)


# Create and train the model

model = LinearRegression()

model.fit(X_train, y_train)


# Make predictions

y_pred = model.predict(X_test)


# Evaluate the model

mse = mean_squared_error(y_test, y_pred)

print(f"Mean Squared Error: {mse}")


# Plot the results

import matplotlib.pyplot as plt


plt.scatter(y_test, y_pred)

plt.xlabel("Actual Prices")

plt.ylabel("Predicted Prices")

plt.title("Actual vs Predicted Prices")

plt.show()
```

4.2 Regressão Logística

4.2.1 *Teoria*

A regressão logística é um algoritmo de aprendizagem supervisionada usado para problemas de classificação binária. Ele modela a probabilidade de que uma determinada entrada pertença a uma classe específica. O modelo de regressão logística usa a função logística (também conhecida como função sigmóide) para mapear valores previstos em probabilidades.

A função logística é definida como:

$$\sigma(z) = \frac{1}{1 + e^{-z}}$$

onde z é uma combinação linear de recursos de entrada:

$$z = \beta_0 + \beta_1 x_1 + \beta_2 x_2 + \cdots + \beta_n x_n$$

A saída da função logística é um valor de probabilidade entre 0 e 1, que pode ser limitado para prever rótulos de classe.

Implementação

Vamos implementar a regressão logística usando a biblioteca scikit-learn do Python.

```python
import pandas as pd
from sklearn.model_selection import train_test_split
from sklearn.linear_model import LogisticRegression
from sklearn.metrics import accuracy_score, confusion_matrix


# Load dataset
df = pd.read_csv('sample_data.csv')


# Define features and target variable
X = df[['Feature1', 'Feature2']]  # Input features
y = df['Target']  # Binary target variable


# Split data into training and testing sets
X_train, X_test, y_train, y_test = train_test_split(X, y, test_size=0.2,
random_state=42)
```

```python
# Create and train the model
model = LogisticRegression()
model.fit(X_train, y_train)

# Make predictions
y_pred = model.predict(X_test)

# Evaluate the model
accuracy = accuracy_score(y_test, y_pred)
print(f"Accuracy: {accuracy}")

conf_matrix = confusion_matrix(y_test, y_pred)
print("Confusion Matrix:")
print(conf_matrix)
```

Estudo de caso

Vamos considerar um estudo de caso para prever se uma pessoa tem diabetes com base em características como idade, IMC e pressão arterial.

```python
# Load diabetes dataset
df = pd.read_csv('diabetes_data.csv')

# Define features and target variable
X = df[['Age', 'BMI', 'BloodPressure']]
y = df['Diabetes']

# Split data into training and testing sets
```

```python
X_train, X_test, y_train, y_test = train_test_split(X, y, test_size=0.2,
random_state=42)


# Create and train the model
model = LogisticRegression()
model.fit(X_train, y_train)


# Make predictions
y_pred = model.predict(X_test)


# Evaluate the model
accuracy = accuracy_score(y_test, y_pred)
print(f"Accuracy: {accuracy}")


conf_matrix = confusion_matrix(y_test, y_pred)
print("Confusion Matrix:")
print(conf_matrix)


# Plot ROC curve
from sklearn.metrics import roc_curve, roc_auc_score


y_prob = model.predict_proba(X_test)[:, 1]
fpr, tpr, _ = roc_curve(y_test, y_prob)
roc_auc = roc_auc_score(y_test, y_prob)


plt.plot(fpr, tpr, label=f'ROC Curve (AUC = {roc_auc:.2f})')
```

```python
plt.title("ROC Curve")

plt.legend(loc="lower right")

plt.show()
```

4.3 Árvores de decisão

4.3.1 *Teoria*

Uma árvore de decisão é um algoritmo de aprendizado supervisionado usado para tarefas de classificação e regressão. Ele funciona dividindo os dados em subconjuntos com base no valor dos recursos de entrada. Este processo é recursivo e continua até que o modelo atinja uma certa profundidade ou outros critérios de parada sejam atendidos. O resultado é uma estrutura semelhante a uma árvore onde cada nó interno representa uma decisão baseada em um recurso, cada ramo representa o resultado dessa decisão e cada nó folha representa uma previsão final.

As árvores de decisão usam métricas como impureza de Gini, entropia ou redução de variância para decidir onde dividir os dados em cada etapa. Para classificação, os critérios comuns incluem:

- **Impureza de Gini** : Mede a frequência com que um elemento escolhido aleatoriamente é classificado incorretamente.

- **Entropia** : Mede a quantidade de desordem ou incerteza.

Para regressão, são usados critérios como erro quadrático médio (MSE) ou erro médio absoluto (MAE).

Implementação

Vamos implementar uma árvore de decisão usando a biblioteca scikit-learn do Python.

```python
import pandas as pd

from sklearn.model_selection import train_test_split

from sklearn.tree import DecisionTreeClassifier, DecisionTreeRegressor

from sklearn.metrics import accuracy_score, mean_squared_error,
confusion_matrix
```

```python
# Load dataset
df = pd.read_csv('sample_data.csv')


# Classification Example
# Define features and target variable
X_class = df[['Feature1', 'Feature2']]
y_class = df['Target']


# Split data into training and testing sets
X_train_class, X_test_class, y_train_class, y_test_class = \
train_test_split(X_class, y_class, test_size=0.2, random_state=42)


# Create and train the classifier
classifier = DecisionTreeClassifier()
classifier.fit(X_train_class, y_train_class)


# Make predictions
y_pred_class = classifier.predict(X_test_class)


# Evaluate the model
accuracy = accuracy_score(y_test_class, y_pred_class)
print(f"Classification Accuracy: {accuracy}")


conf_matrix = confusion_matrix(y_test_class, y_pred_class)
print("Confusion Matrix:")
print(conf_matrix)
```

```python
# Define features and target variable

X_reg = df[['Feature1', 'Feature2']]

y_reg = df['Target']


# Split data into training and testing sets

X_train_reg, X_test_reg, y_train_reg, y_test_reg =
train_test_split(X_reg, y_reg, test_size=0.2, random_state=42)


# Create and train the regressor

regressor = DecisionTreeRegressor()

regressor.fit(X_train_reg, y_train_reg)


# Make predictions

y_pred_reg = regressor.predict(X_test_reg)


# Evaluate the model

mse = mean_squared_error(y_test_reg, y_pred_reg)

print(f"Regression Mean Squared Error: {mse}")
```

Case Study

Let's consider a case study of predicting employee attrition (classification) and house prices (regression).

Classification Case Study: Employee Attrition

```python
# Load employee attrition dataset

df = pd.read_csv('employee_attrition.csv')
```

```python
X = df[['Age', 'JobSatisfaction', 'YearsAtCompany']]
y = df['Attrition']


# Split data into training and testing sets
X_train, X_test, y_train, y_test = train_test_split(X, y, test_size=0.2,
random_state=42)


# Create and train the classifier
classifier = DecisionTreeClassifier()
classifier.fit(X_train, y_train)


# Make predictions
y_pred = classifier.predict(X_test)


# Evaluate the model
accuracy = accuracy_score(y_test, y_pred)
print(f"Accuracy: {accuracy}")


conf_matrix = confusion_matrix(y_test, y_pred)
print("Confusion Matrix:")
print(conf_matrix)
```

Regression Case Study: House Prices

```python
# Load housing dataset
df = pd.read_csv('housing_data.csv')
```

```python
X = df[['SquareFootage', 'Bedrooms', 'Bathrooms']]
y = df['Price']


# Split data into training and testing sets
X_train, X_test, y_train, y_test = train_test_split(X, y, test_size=0.2,
random_state=42)


# Create and train the regressor
regressor = DecisionTreeRegressor()
regressor.fit(X_train, y_train)


# Make predictions
y_pred = regressor.predict(X_test)


# Evaluate the model
mse = mean_squared_error(y_test, y_pred)
print(f"Mean Squared Error: {mse}")


# Plot the results
import matplotlib.pyplot as plt

plt.scatter(y_test, y_pred)
plt.xlabel("Actual Prices")
plt.ylabel("Predicted Prices")
plt.title("Actual vs Predicted Prices")
plt.show()
```

4.4 Máquinas de vetores de suporte (SVM)

4.4.1 *Teoria*

Support Vector Machines (SVM) são poderosos algoritmos de aprendizado supervisionado usados para tarefas de classificação e regressão. As SVMs funcionam encontrando o hiperplano que melhor separa os dados em diferentes classes. O hiperplano é escolhido para maximizar a margem, que é a distância entre o hiperplano e os pontos de dados mais próximos de cada classe, conhecidos como vetores de suporte.

Para dados não linearmente separáveis, os SVMs usam uma técnica chamada truque do kernel para transformar os dados em um espaço de dimensão superior onde um separador linear pode ser encontrado. As funções comuns do kernel incluem:

- **Núcleo Linear** :$K(x, y) = x \cdot y$

- **Kernel Polinomial** :$K(x, y) = (x \cdot y + c)^d$

- **Kernel da Função de Base Radial (RBF)** :$K(x, y) = exp(-\gamma \parallel x - y \parallel^2)$

Implementação

Vamos implementar SVM usando a biblioteca scikit-learn do Python.

```python
import pandas as pd

from sklearn.model_selection import train_test_split

from sklearn.svm import SVC, SVR

from sklearn.metrics import accuracy_score, mean_squared_error,
confusion_matrix


# Load dataset
df = pd.read_csv('sample_data.csv')


# Classification Example
# Define features and target variable
X_class = df[['Feature1', 'Feature2']]
```

```python
y_class = df['Target']


# Split data into training and testing sets
X_train_class, X_test_class, y_train_class, y_test_class =
train_test_split(X_class, y_class, test_size=0.2, random_state=42)


# Create and train the classifier
classifier = SVC(kernel='linear')

classifier.fit(X_train_class, y_train_class)


# Make predictions
y_pred_class = classifier.predict(X_test_class)


# Evaluate the model
accuracy = accuracy_score(y_test_class, y_pred_class)

print(f"Classification Accuracy: {accuracy}")


conf_matrix = confusion_matrix(y_test_class, y_pred_class)

print("Confusion Matrix:")

print(conf_matrix)


# Regression Example
# Define features and target variable
X_reg = df[['Feature1', 'Feature2']]

y_reg = df['Target']
```

```python
# Create and train the regressor
regressor = SVR(kernel='rbf')
regressor.fit(X_train_reg, y_train_reg)


# Make predictions
y_pred_reg = regressor.predict(X_test_reg)


# Evaluate the model
mse = mean_squared_error(y_test_reg, y_pred_reg)
print(f"Regression Mean Squared Error: {mse}")
```

Estudo de caso

Vamos considerar um estudo de caso de classificação de diagnóstico de câncer (classificação) e previsão de preços de ações (regressão).

Estudo de caso de classificação: diagnóstico de câncer

```python
# Load cancer dataset
df = pd.read_csv('cancer_data.csv')


# Define features and target variable
X = df[['Feature1', 'Feature2', 'Feature3']]
y = df['Diagnosis']


# Split data into training and testing sets
X_train, X_test, y_train, y_test = train_test_split(X, y, test_size=0.2,
random_state=42)
```

```python
# Create and train the classifier
classifier = SVC(kernel='rbf')
classifier.fit(X_train, y_train)

# Make predictions
y_pred = classifier.predict(X_test)

# Evaluate the model
accuracy = accuracy_score(y_test, y_pred)
print(f"Accuracy: {accuracy}")

conf_matrix = confusion_matrix(y_test, y_pred)
print("Confusion Matrix:")
print(conf_matrix)
```

Regression Case Study: Stock Prices

```python
# Load stock prices dataset
df = pd.read_csv('stock_prices.csv')

# Define features and target variable
X = df[['Feature1', 'Feature2', 'Feature3']]
y = df['StockPrice']

# Split data into training and testing sets
```

```python
# Create and train the regressor
regressor = SVR(kernel='rbf')
regressor.fit(X_train, y_train)

# Make predictions
y_pred = regressor.predict(X_test)

# Evaluate the model
mse = mean_squared_error(y_test, y_pred)
print(f"Mean Squared Error: {mse}")

# Plot the results
import matplotlib.pyplot as plt

plt.scatter(y_test, y_pred)
plt.xlabel("Actual Stock Prices")
plt.ylabel("Predicted Stock Prices")
plt.title("Actual vs Predicted Stock Prices")
plt.show()
```

Este capítulo aborda os conceitos essenciais e as etapas de implementação para árvores de decisão e máquinas de vetores de suporte (SVM), fornecendo uma base sólida para construir e avaliar esses modelos usando dados do mundo real.

CHAPTER 5: Modelos de aprendizagem não supervisionados

5.1 Agrupamento K-Means

5.1.1 *Teoria*

O clustering K-Means é um algoritmo de aprendizado não supervisionado popular usado para particionar um conjunto de dados em um conjunto de clusters distintos e não sobrepostos. O objetivo do K-Means é agrupar os pontos de dados em clusters KKK de modo que os pontos em cada cluster sejam mais semelhantes entre si do que com pontos em outros clusters.

O algoritmo funciona da seguinte maneira:

1. Inicialize os centróides do cluster KKK aleatoriamente.

2. Atribua cada ponto de dados ao centróide mais próximo com base na distância euclidiana.

3. Recalcule os centróides como a média de todos os pontos atribuídos a cada centróide.

4. Repita as etapas 2 e 3 até que os centróides não mudem significativamente ou um número máximo de iterações seja alcançado.

A função objetivo minimizada por K-Means é a soma dos quadrados dentro do cluster (WCSS), também conhecida como inércia:

$$WCSS = \sum_{i=1}^{K} \sum_{x \in C_i} \|x - \mu_i\|^2$$

onde:

- C_i é o conjunto de pontos no cluster iii.

- μ_i é o centróide do cluster iii.

Implementação

Vamos implementar o clustering K-Means usando a biblioteca scikit-learn do Python.

```python
import pandas as pd
import numpy as np
from sklearn.cluster import KMeans
import matplotlib.pyplot as plt


# Load dataset
df = pd.read_csv('sample_data.csv')


# Select features for clustering
X = df[['Feature1', 'Feature2']]


# Create and fit the model
kmeans = KMeans(n_clusters=3, random_state=42)
kmeans.fit(X)


# Get cluster labels and centroids
labels = kmeans.labels_
centroids = kmeans.cluster_centers_


# Plot the results
plt.scatter(X['Feature1'], X['Feature2'], c=labels, cmap='viridis')
plt.scatter(centroids[:, 0], centroids[:, 1], s=300, c='red', marker='X')
plt.xlabel('Feature1')
plt.ylabel('Feature2')
plt.title('K-Means Clustering')
plt.show()
```

Estudo de caso

Vamos considerar um estudo de caso de segmentação de clientes para uma empresa de varejo. O objetivo é segmentar os clientes com base em seu comportamento de compra.

```python
# Load customer dataset
df = pd.read_csv('customer_data.csv')


# Select features for clustering
X = df[['AnnualIncome', 'SpendingScore']]


# Create and fit the model
kmeans = KMeans(n_clusters=5, random_state=42)
kmeans.fit(X)


# Get cluster labels and centroids
labels = kmeans.labels_
centroids = kmeans.cluster_centers_


# Add cluster labels to the original dataframe
df['Cluster'] = labels


# Plot the results
plt.scatter(X['AnnualIncome'], X['SpendingScore'], c=labels, cmap='viridis')
plt.scatter(centroids[:, 0], centroids[:, 1], s=300, c='red', marker='X')
plt.xlabel('Annual Income')
plt.ylabel('Spending Score')
plt.title('Customer Segmentation')
plt.show()
```

5.2 Análise de Componentes Principais (PCA)

5.2.1 *Teoria*

A Análise de Componentes Principais (PCA) é uma técnica de redução de dimensionalidade usada para reduzir o número de recursos em um conjunto de dados, preservando o máximo de variação possível. O PCA transforma os recursos originais em um novo conjunto de recursos ortogonais chamados componentes principais, ordenados pela quantidade de variação que capturam dos dados.

As etapas envolvidas no PCA são:

1. Padronize os dados.
2. Calcule a matriz de covariância dos dados padronizados.
3. Calcule os autovalores e autovetores da matriz de covariância.
4. Classifique os autovetores diminuindo os autovalores e selecione os k autovetores superiores.
5. Projete os dados originais no novo k subespaço dimensional.

Matematicamente, a projeção dos dados X nos componentes principais P é dada por:

$$Z = X \cdot P$$

onde Z estão os dados transformados.

Implementação

Vamos implementar o PCA usando a biblioteca `scikit-learn do Python` .

```python
import pandas as pd

from sklearn.preprocessing import StandardScaler

from sklearn.decomposition import PCA

import matplotlib.pyplot as plt


# Load dataset
df = pd.read_csv('sample_data.csv')


# Select features for PCA
X = df[['Feature1', 'Feature2', 'Feature3']]
```

```python
# Standardize the data
scaler = StandardScaler()
X_scaled = scaler.fit_transform(X)


# Create and fit the PCA model
pca = PCA(n_components=2)
X_pca = pca.fit_transform(X_scaled)


# Plot the results
plt.scatter(X_pca[:, 0], X_pca[:, 1])
plt.xlabel('Principal Component 1')
plt.ylabel('Principal Component 2')
plt.title('PCA Result')
plt.show()


# Explained variance
explained_variance = pca.explained_variance_ratio_
print(f"Explained Variance: {explained_variance}")
```

Estudo de caso

Vamos considerar um estudo de caso de redução da dimensionalidade de um conjunto de dados contendo características de dígitos manuscritos (por exemplo, do conjunto de dados MNIST).

```python
from sklearn.datasets import load_digits


# Load digits dataset
digits = load_digits()
X = digits.data
y = digits.target
```

```python
# Standardize the data
scaler = StandardScaler()
X_scaled = scaler.fit_transform(X)

# Create and fit the PCA model
pca = PCA(n_components=2)
X_pca = pca.fit_transform(X_scaled)

# Plot the results
plt.scatter(X_pca[:, 0], X_pca[:, 1], c=y, cmap='viridis')
plt.xlabel('Principal Component 1')
plt.ylabel('Principal Component 2')
plt.title('PCA of Handwritten Digits')
plt.colorbar()
plt.show()

# Explained variance
explained_variance = pca.explained_variance_ratio_
print(f"Explained Variance: {explained_variance}")
```

Neste estudo de caso, o PCA ajuda a visualizar dados de alta dimensão em um espaço 2D, facilitando a identificação de padrões e clusters.

5.3 Agrupamento hierárquico

Teoria

Clustering hierárquico é um algoritmo de aprendizagem não supervisionado usado para construir uma hierarquia de clusters. É particularmente útil para conjuntos de dados onde o número de clusters não é conhecido antecipadamente. O agrupamento hierárquico pode ser dividido em dois tipos principais: aglomerativo (de baixo para cima) e divisivo (de cima para baixo).

- **Clustering Hierárquico Aglomerativo** : Esta é uma abordagem de baixo para cima, onde cada ponto de dados começa em seu próprio cluster e pares de clusters são mesclados à medida que alguém sobe na hierarquia.
- **Cluster hierárquico divisivo** : Esta é uma abordagem de cima para baixo, onde todos os pontos de dados começam em um cluster e as divisões são realizadas recursivamente à medida que descemos na hierarquia.

O algoritmo normalmente segue estas etapas:

1. Calcule a matriz de distância para todos os pares de pontos de dados.
2. Trate cada ponto de dados como um cluster separado.
3. Encontre o par de clusters com a menor distância e mescle-os em um único cluster.
4. Atualize a matriz de distância para refletir as distâncias entre o novo cluster e os clusters restantes.
5. Repita as etapas 3 e 4 até que todos os pontos de dados sejam mesclados em um único cluster.

Os métodos comuns para calcular a distância entre clusters incluem:

- **Ligação única** : A distância entre dois clusters é definida como a distância mais curta entre pontos nos dois clusters.
- **Ligação completa** : a distância entre dois clusters é definida como a maior distância entre pontos nos dois clusters.
- **Ligação média** : A distância entre dois clusters é definida como a distância média entre pontos nos dois clusters.
- **Método de Ward** : Este método minimiza a variação dentro de cada cluster.

O resultado do agrupamento hierárquico é frequentemente representado como um dendrograma, que mostra as relações hierárquicas entre os agrupamentos.

Implementação

Vamos implementar clustering hierárquico usando as bibliotecas `scikit-learn` e `scipy` do `Python` .

```python
import pandas as pd
from scipy.cluster.hierarchy import dendrogram, linkage
from sklearn.cluster import AgglomerativeClustering
import matplotlib.pyplot as plt


# Load dataset
df = pd.read_csv('sample_data.csv')
```

```python
# Select features for clustering

X = df[['Feature1', 'Feature2']]


# Compute the linkage matrix

Z = linkage(X, method='ward')


# Plot the dendrogram

plt.figure(figsize=(10, 7))

dendrogram(Z)

plt.xlabel('Sample Index')

plt.ylabel('Distance')

plt.title('Dendrogram for Hierarchical Clustering')

plt.show()


# Perform Agglomerative Clustering

hier_clust = AgglomerativeClustering(n_clusters=3, affinity='euclidean',
linkage='ward')

labels = hier_clust.fit_predict(X)


# Plot the clusters

plt.scatter(X['Feature1'], X['Feature2'], c=labels, cmap='viridis')

plt.xlabel('Feature1')

plt.ylabel('Feature2')

plt.title('Hierarchical Clustering')

plt.show()
```

Estudo de caso

Vamos considerar um estudo de caso de agrupamento do comportamento de compra do cliente para uma empresa de varejo usando agrupamento hierárquico.

```python
# Load customer dataset
df = pd.read_csv('customer_data.csv')

# Select features for clustering
X = df[['AnnualIncome', 'SpendingScore']]

# Compute the linkage matrix
Z = linkage(X, method='ward')

# Plot the dendrogram
plt.figure(figsize=(10, 7))
dendrogram(Z)
plt.xlabel('Customer Index')
plt.ylabel('Distance')
plt.title('Dendrogram for Customer Segmentation')
plt.show()
```

```python
# Perform Agglomerative Clustering

hier_clust = AgglomerativeClustering(n_clusters=5, affinity='euclidean',
linkage='ward')

labels = hier_clust.fit_predict(X)


# Add cluster labels to the original dataframe

df['Cluster'] = labels


# Plot the clusters

plt.scatter(X['AnnualIncome'], X['SpendingScore'], c=labels,
cmap='viridis')


plt.xlabel('Annual Income')

plt.ylabel('Spending Score')

plt.title('Customer Segmentation')

plt.show()
```

Neste estudo de caso, o agrupamento hierárquico ajuda a segmentar os clientes com base na sua receita anual e pontuação de gastos, fornecendo insights sobre o comportamento do cliente e permitindo estratégias de marketing direcionadas.

6.1 Florestas Aleatórias

6.1.1 *Teoria*

Random Forests é um método de aprendizagem conjunto usado para tarefas de classificação e regressão. Ele opera construindo múltiplas árvores de decisão durante o treinamento e gerando o modo das classes (classificação) ou previsão média (regressão) das árvores individuais. Essa abordagem ajuda a melhorar a precisão preditiva e controlar o overfitting.

Os principais conceitos em Random Forests incluem:

1. **Agregação de Bootstrap (Bagging)** : Florestas Aleatórias usam bagging, onde vários subconjuntos de dados de treinamento são amostrados com substituição para treinar árvores de decisão individuais. Este processo ajuda a reduzir a variação e melhorar a robustez do modelo.

2. **Seleção aleatória de recursos** : durante a construção de cada árvore, um subconjunto aleatório de recursos é selecionado em cada divisão. Essa aleatoriedade ajuda a criar árvores diversas e reduz a correlação entre elas.

3. **Votação majoritária ou média** : Para classificação, a previsão final é determinada pela votação majoritária entre as árvores individuais. Para regressão, é utilizada a previsão média de todas as árvores.

As principais vantagens das Florestas Aleatórias são:

- Alta precisão.

- Robustez ao overfitting.

- Capacidade de lidar com grandes conjuntos de dados com alta dimensionalidade.

- Estimativa da importância do recurso.

Implementação

Vamos implementar Random Forests usando a biblioteca scikit-learn do Python.

```python
import pandas as pd

from sklearn.model_selection import train_test_split

from sklearn.ensemble import RandomForestClassifier,
RandomForestRegressor

from sklearn.metrics import accuracy_score, mean_squared_error,
confusion_matrix


# Load dataset

df = pd.read_csv('sample_data.csv')


# Classification Example

# Define features and target variable

X_class = df[['Feature1', 'Feature2']]

y_class = df['Target']


# Split data into training and testing sets

X_train_class, X_test_class, y_train_class, y_test_class =
train_test_split(X_class, y_class, test_size=0.2, random_state=42)


# Create and train the classifier

classifier = RandomForestClassifier(n_estimators=100, random_state=42)

classifier.fit(X_train_class, y_train_class)


# Make predictions

y_pred_class = classifier.predict(X_test_class)


# Evaluate the model
```

```python
conf_matrix = confusion_matrix(y_test_class, y_pred_class)
print("Confusion Matrix:")
print(conf_matrix)


# Regression Example
# Define features and target variable
X_reg = df[['Feature1', 'Feature2']]
y_reg = df['Target']


# Split data into training and testing sets
X_train_reg, X_test_reg, y_train_reg, y_test_reg =
train_test_split(X_reg, y_reg, test_size=0.2, random_state=42)


# Create and train the regressor
regressor = RandomForestRegressor(n_estimators=100, random_state=42)
regressor.fit(X_train_reg, y_train_reg)


# Make predictions
y_pred_reg = regressor.predict(X_test_reg)


# Evaluate the model
mse = mean_squared_error(y_test_reg, y_pred_reg)
print(f"Regression Mean Squared Error: {mse}")
```

Estudo de caso

Vamos considerar um estudo de caso de previsão de desgaste de funcionários (classificação) e preços de imóveis (regressão).

Estudo de caso de classificação: desgaste de funcionários

```python
# Load employee attrition dataset
df = pd.read_csv('employee_attrition.csv')


# Define features and target variable
X = df[['Age', 'JobSatisfaction', 'YearsAtCompany']]
y = df['Attrition']


# Split data into training and testing sets
X_train, X_test, y_train, y_test = train_test_split(X, y, test_size=0.2,
random_state=42)


# Create and train the classifier
classifier = RandomForestClassifier(n_estimators=100, random_state=42)

classifier.fit(X_train, y_train)


# Make predictions
y_pred = classifier.predict(X_test)


# Evaluate the model
accuracy = accuracy_score(y_test, y_pred)

print(f"Accuracy: {accuracy}")


conf_matrix = confusion_matrix(y_test, y_pred)

print("Confusion Matrix:")

print(conf_matrix)
```

```python
import matplotlib.pyplot as plt

import numpy as np


feature_importances = classifier.feature_importances_

indices = np.argsort(feature_importances)[::-1]

plt.figure()

plt.title("Feature Importances")

plt.bar(range(X.shape[1]), feature_importances[indices], align="center")

plt.xticks(range(X.shape[1]), X.columns[indices], rotation=90)

plt.show()
```

Estudo de caso de regressão : preços de casas

```python
# Load housing dataset
df = pd.read_csv('housing_data.csv')


# Define features and target variable
X = df[['SquareFootage', 'Bedrooms', 'Bathrooms']]
y = df['Price']


# Split data into training and testing sets
X_train, X_test, y_train, y_test = train_test_split(X, y, test_size=0.2,
random_state=42)


# Create and train the regressor
regressor = RandomForestRegressor(n_estimators=100, random_state=42)

regressor.fit(X_train, y_train)
```

```python
# Make predictions

y_pred = regressor.predict(X_test)


# Evaluate the model

mse = mean_squared_error(y_test, y_pred)

print(f"Mean Squared Error: {mse}")


# Plot the results

plt.scatter(y_test, y_pred)

plt.xlabel("Actual Prices")

plt.ylabel("Predicted Prices")

plt.title("Actual vs Predicted Prices")

plt.show()


# Plot feature importances

feature_importances = regressor.feature_importances_

indices = np.argsort(feature_importances)[::-1]

plt.figure()

plt.title("Feature Importances")

plt.bar(range(X.shape[1]), feature_importances[indices], align="center")

plt.xticks(range(X.shape[1]), X.columns[indices], rotation=90)

plt.show()
```

Nestes estudos de caso, as Random Forests ajudam a classificar o desgaste dos funcionários e a prever os preços das casas, mostrando a flexibilidade e o poder do algoritmo no tratamento de diferentes tipos de dados.

6.2 Máquinas de aumento de gradiente

6.2.1 *Teoria*

Gradient Boosting Machines (GBMs) são técnicas poderosas de aprendizado de
conjunto usadas para tarefas de classificação e regressão. Ao contrário dos métodos de
ensacamento como Random Forests, que constroem árvores em paralelo, os GBMs
constroem árvores sequencialmente. Cada nova árvore é treinada para corrigir os erros
cometidos pelas árvores anteriores. Esse processo ajuda a reduzir distorções e melhorar
a precisão preditiva.

Os principais conceitos do Gradient Boosting incluem:

1. **Modelagem Aditiva** : GBMs constroem um modelo de conjunto adicionando
   alunos básicos (normalmente árvores de decisão) sequencialmente. Cada novo
   modelo é treinado para prever os erros residuais do conjunto combinado de
   modelos anteriores.
2. **Gradient Descent** : O método usa gradiente descendente para minimizar a
   função de perda. A função de perda mede a diferença entre os valores reais e
   previstos. O modelo ajusta sequencialmente novos modelos ao gradiente
   negativo da função de perda.
3. **Taxa de aprendizagem** : um hiperparâmetro que controla a contribuição de
   cada árvore para o modelo final. Taxas de aprendizado mais baixas geralmente
   resultam em melhor desempenho, mas exigem mais árvores.

O algoritmo básico para GBM é o seguinte:

1. Inicialize o modelo com um valor constante (por exemplo, a média da variável
   alvo para regressão).
2. Para cada iteração:
   o Calcule os resíduos (erros) entre os valores reais e previstos.
   o Ajuste um novo modelo aos resíduos.
   o Atualize as previsões adicionando as previsões do novo modelo,
     dimensionadas pela taxa de aprendizagem.

6.2.2 *Implementação*

Vamos implementar Gradient Boosting Machines usando a biblioteca `scikit-learn`
`do Python` .

```python
import pandas as pd

from sklearn.model_selection import train_test_split

from sklearn.ensemble import GradientBoostingClassifier,
GradientBoostingRegressor

from sklearn.metrics import accuracy_score, mean_squared_error,
confusion_matrix
```

```python
# Load dataset
df = pd.read_csv('sample_data.csv')


# Classification Example
# Define features and target variable
X_class = df[['Feature1', 'Feature2']]

y_class = df['Target']


# Split data into training and testing sets
X_train_class, X_test_class, y_train_class, y_test_class =
train_test_split(X_class, y_class, test_size=0.2, random_state=42)


# Create and train the classifier
classifier = GradientBoostingClassifier(n_estimators=100,
learning_rate=0.1, random_state=42)

classifier.fit(X_train_class, y_train_class)


# Make predictions
y_pred_class = classifier.predict(X_test_class)


# Evaluate the model
accuracy = accuracy_score(y_test_class, y_pred_class)

print(f"Classification Accuracy: {accuracy}")


conf_matrix = confusion_matrix(y_test_class, y_pred_class)

print("Confusion Matrix:")

print(conf_matrix)
```

```python
# Define features and target variable
X_reg = df[['Feature1', 'Feature2']]
y_reg = df['Target']


# Split data into training and testing sets
X_train_reg, X_test_reg, y_train_reg, y_test_reg =
train_test_split(X_reg, y_reg, test_size=0.2, random_state=42)


# Create and train the regressor
regressor = GradientBoostingRegressor(n_estimators=100,
learning_rate=0.1, random_state=42)

regressor.fit(X_train_reg, y_train_reg)


# Make predictions
y_pred_reg = regressor.predict(X_test_reg)


# Evaluate the model
mse = mean_squared_error(y_test_reg, y_pred_reg)
print(f"Regression Mean Squared Error: {mse}")
```

Estudo de caso

Vamos considerar um estudo de caso de previsão de rotatividade de clientes (classificação) e consumo de energia (regressão).

Estudo de caso de classificação: rotatividade de clientes

```python
# Load customer churn dataset
df = pd.read_csv('customer_churn.csv')


# Define features and target variable
X = df[['Tenure', 'MonthlyCharges', 'TotalCharges']]
y = df['Churn']


# Handle missing values and convert categorical data
X['TotalCharges'] = pd.to_numeric(X['TotalCharges'], errors='coerce')
X = X.fillna(X.mean())


# Split data into training and testing sets
X_train, X_test, y_train, y_test = train_test_split(X, y, test_size=0.2,
random_state=42)


# Create and train the classifier
classifier = GradientBoostingClassifier(n_estimators=100,
learning_rate=0.1, random_state=42)

classifier.fit(X_train, y_train)


# Make predictions
y_pred = classifier.predict(X_test)


# Evaluate the model
accuracy = accuracy_score(y_test, y_pred)

print(f"Accuracy: {accuracy}")
```

```python
print(conf_matrix)


# Plot feature importances
import matplotlib.pyplot as plt
import numpy as np


feature_importances = classifier.feature_importances_
indices = np.argsort(feature_importances)[::-1]
plt.figure()
plt.title("Feature Importances")
plt.bar(range(X.shape[1]), feature_importances[indices], align="center")
plt.xticks(range(X.shape[1]), X.columns[indices], rotation=90)
plt.show()
```

Regression Case Study: Energy Consumption

```python
# Load energy consumption dataset
df = pd.read_csv('energy_consumption.csv')


# Define features and target variable
X = df[['Temperature', 'Humidity', 'WindSpeed']]
y = df['EnergyConsumption']


# Split data into training and testing sets
X_train, X_test, y_train, y_test = train_test_split(X, y, test_size=0.2,
random_state=42)
```

```python
regressor = GradientBoostingRegressor(n_estimators=100,
learning_rate=0.1, random_state=42)

regressor.fit(X_train, y_train)


# Make predictions
y_pred = regressor.predict(X_test)


# Evaluate the model
mse = mean_squared_error(y_test, y_pred)

print(f"Mean Squared Error: {mse}")


# Plot the results
plt.scatter(y_test, y_pred)

plt.xlabel("Actual Energy Consumption")

plt.ylabel("Predicted Energy Consumption")

plt.title("Actual vs Predicted Energy Consumption")

plt.show()


# Plot feature importances
feature_importances = regressor.feature_importances_

indices = np.argsort(feature_importances)[::-1]

plt.figure()

plt.title("Feature Importances")

plt.bar(range(X.shape[1]), feature_importances[indices], align="center")

plt.xticks(range(X.shape[1]), X.columns[indices], rotation=90)

plt.show()
```

Nestes estudos de caso, as Gradient Boosting Machines ajudam a classificar a rotatividade de clientes e a prever o consumo de energia, demonstrando a eficácia do modelo no tratamento de vários tipos de dados e tarefas.

6.3 Redes neurais

6.3.1 *Teoria*

As redes neurais são um conjunto de algoritmos, vagamente modelados a partir do cérebro humano, projetados para reconhecer padrões. Eles interpretam dados sensoriais por meio de uma espécie de percepção de máquina, rotulagem ou agrupamento de informações brutas. As redes neurais ajudam a agrupar e classificar dados e são particularmente úteis para padrões complexos, como reconhecimento de imagem, reconhecimento de fala e previsão de séries temporais.

Uma rede neural consiste em camadas de nós. Cada nó, ou neurônio artificial, se conecta a outro e tem um peso e um limite associados. Se a saída de qualquer nó individual estiver acima do valor limite especificado, esse nó será ativado, enviando dados para a próxima camada da rede. Caso contrário, nenhum dado será repassado.

Os principais conceitos em redes neurais incluem:

1. **Camadas** : As redes neurais consistem em uma camada de entrada, camadas ocultas e uma camada de saída.
2. **Funções de ativação** : Funções que determinam se um neurônio deve ser ativado. As funções de ativação comuns incluem sigmóide, tanh e ReLU (Unidade Linear Retificada).
3. **Pesos e Vieses** : Parâmetros que são ajustados durante o treinamento para minimizar o erro das previsões.
4. **Propagação direta** : O processo de passar dados de entrada pela rede para obter uma saída.
5. **Retropropagação** : O processo de ajuste de pesos e tendências com base no erro da saída.

6.3.2 *Implementação*

Vamos implementar uma rede neural simples usando as bibliotecas `TensorFlow` e `Keras do Python` .

```python
import pandas as pd

import numpy as np

from sklearn.model_selection import train_test_split

from sklearn.preprocessing import StandardScaler

import tensorflow as tf

from tensorflow.keras.models import Sequential

from tensorflow.keras.layers import Dense
```

```python
from sklearn.metrics import accuracy_score, mean_squared_error


# Load dataset
df = pd.read_csv('sample_data.csv')


# Classification Example
# Define features and target variable
X_class = df[['Feature1', 'Feature2']]
y_class = df['Target']


# Split data into training and testing sets
X_train_class, X_test_class, y_train_class, y_test_class =
train_test_split(X_class, y_class, test_size=0.2, random_state=42)


# Standardize the data
scaler = StandardScaler()
X_train_class = scaler.fit_transform(X_train_class)
X_test_class = scaler.transform(X_test_class)


# Create and train the classifier
model = Sequential([
    Dense(32, activation='relu', input_shape=(X_train_class.shape[1],)),
    Dense(16, activation='relu'),
    Dense(1, activation='sigmoid')
])
```

```python
model.fit(X_train_class, y_train_class, epochs=50, batch_size=10,
validation_split=0.2)


# Make predictions

y_pred_class = model.predict(X_test_class)

y_pred_class = (y_pred_class > 0.5).astype(int)


# Evaluate the model

accuracy = accuracy_score(y_test_class, y_pred_class)

print(f"Classification Accuracy: {accuracy}")


# Regression Example
# Define features and target variable

X_reg = df[['Feature1', 'Feature2']]

y_reg = df['Target']


# Split data into training and testing sets

X_train_reg, X_test_reg, y_train_reg, y_test_reg =
train_test_split(X_reg, y_reg, test_size=0.2, random_state=42)


# Standardize the data

scaler = StandardScaler()

X_train_reg = scaler.fit_transform(X_train_reg)

X_test_reg = scaler.transform(X_test_reg)


# Create and train the regressor

model = Sequential([
```

```python
    Dense(1)
])


model.compile(optimizer='adam', loss='mean_squared_error')

model.fit(X_train_reg, y_train_reg, epochs=50, batch_size=10,
validation_split=0.2)


# Make predictions
y_pred_reg = model.predict(X_test_reg)


# Evaluate the model
mse = mean_squared_error(y_test_reg, y_pred_reg)

print(f"Regression Mean Squared Error: {mse}")
```

6.3.3 *Estudo de caso*

Vamos considerar um estudo de caso de classificação de dígitos manuscritos (classificação) e previsão de preços de imóveis (regressão).

Estudo de caso de classificação: dígitos manuscritos

```python
from sklearn.datasets import load_digits
import matplotlib.pyplot as plt


# Load digits dataset
digits = load_digits()
X = digits.data
y = digits.target


# Split data into training and testing sets
```

```python
X_train, X_test, y_train, y_test = train_test_split(X, y, test_size=0.2,
random_state=42)


# Standardize the data

scaler = StandardScaler()

X_train = scaler.fit_transform(X_train)

X_test = scaler.transform(X_test)


# Create and train the classifier

model = Sequential([

    Dense(64, activation='relu', input_shape=(X_train.shape[1],)),

    Dense(32, activation='relu'),

    Dense(10, activation='softmax')

])


model.compile(optimizer='adam', loss='sparse_categorical_crossentropy',
metrics=['accuracy'])

model.fit(X_train, y_train, epochs=50, batch_size=10,
validation_split=0.2)


# Make predictions

y_pred = model.predict(X_test)

y_pred = np.argmax(y_pred, axis=1)


# Evaluate the model

accuracy = accuracy_score(y_test, y_pred)

print(f"Accuracy: {accuracy}")
```

```python
fig, axes = plt.subplots(1, 4)
images_and_predictions = list(zip(digits.images, y_pred))
for ax, (image, prediction) in zip(axes, images_and_predictions[:4]):
    ax.set_axis_off()
    ax.imshow(image, cmap=plt.cm.gray_r, interpolation='nearest')
    ax.set_title(f'Prediction: {prediction}')
plt.show()
```

Regression Case Study: House Prices

```python
# Load housing dataset
df = pd.read_csv('housing_data.csv')


# Define features and target variable
X = df[['SquareFootage', 'Bedrooms', 'Bathrooms']]
y = df['Price']


# Split data into training and testing sets
X_train, X_test, y_train, y_test = train_test_split(X, y, test_size=0.2,
random_state=42)


# Standardize the data
scaler = StandardScaler()
X_train = scaler.fit_transform(X_train)
X_test = scaler.transform(X_test)
```

```python
Dense(64, activation='relu', input_shape=(X_train.shape[1],)),
    Dense(32, activation='relu'),
    Dense(1)
])


model.compile(optimizer='adam', loss='mean_squared_error')

model.fit(X_train, y_train, epochs=50, batch_size=10,
validation_split=0.2)


# Make predictions
y_pred = model.predict(X_test)


# Evaluate the model
mse = mean_squared_error(y_test, y_pred)

print(f"Mean Squared Error: {mse}")


# Plot the results
plt.scatter(y_test, y_pred)

plt.xlabel("Actual Prices")

plt.ylabel("Predicted Prices")

plt.title("Actual vs Predicted Prices")

plt.show()
```

Nestes estudos de caso, as redes neurais ajudam a classificar dígitos
manuscritos e a prever os preços das casas, demonstrando a flexibilidade e
o poder do modelo no tratamento de vários tipos de dados e tarefas.

Referências

[1] R. Cioffi, M. Travaglioni, G. Piscitelli, A. Petrillo e F. De Felice, "Inteligência artificial e aplicações de aprendizado de máquina na produção inteligente: progresso, tendências e direções", *Sustentabilidade* , vol. 12, não. 2, pág. 492, 2020.

[2] B. Raju *e outros.* , "Big data, aprendizado de máquina e inteligência artificial: um guia de campo para neurocirurgiões", *J Neurosurg* , vol. 1, não. aop, pp. 1–11, 2020.

[3] IH Sarker, "Aprendizado de máquina: algoritmos, aplicações do mundo real e direções de pesquisa", *SN Comput Sci* , vol. 2, não. 3, pág. 160, 2021.

[4] B. Lantz, *Aprendizado de máquina com R: técnicas especializadas para modelagem preditiva* . Publicação Packt Ltd, 2019.

[5] P. Choudhury, RT Allen e MG Endres, "Aprendizado de máquina para descoberta de padrões em pesquisa de gerenciamento", *Strategic Management Journal* , vol. 42, não. 30–57, 2021.

[6] A. Mackenzie, "A produção de previsão: o que o aprendizado de máquina quer?", *European Journal of Cultural Studies* , vol. 18, não. 4–5, pp. 429–445, 2015.

[7] MI Jordan e TM Mitchell, "Aprendizado de máquina: tendências, perspectivas e perspectivas", *Science (1979)* , vol. 349, não. 6245, pp.

[8] S. Dargan, M. Kumar, MR Ayyagari e G. Kumar, "Uma pesquisa de aprendizagem profunda e suas aplicações: um novo paradigma para aprendizagem de máquina", *Archives of Computational Methods in Engineering* , vol. 27, pp.

[9] C. Cortes e V. Vapnik, "Redes de vetores de suporte", *Mach Learn* , vol. 20, não. 3, pp. 273–297, setembro de 1995, doi: 10.1007/bf00994018.

[10] S. Wold, K. Esbensen e P. Geladi, "Análise de componentes principais", *Chemometrics and Intelligent Laboratory Systems* , vol. 2, não. 1–3, pp. 37–52, 1987.

[11] L. Breiman, "Consistência para um modelo simples de florestas aleatórias", *Relatório Técnico 670. Departamento de Estatística, Universidade da Califórnia em Berkeley* , p. 10, 2004, Acessado em:

23 set. 2021. [Online]. Disponível:
https://www.stat.berkeley.edu/~breiman/RandomForests/consistency
RFA.pdf

[12] Hopfield e JJ, "Redes Neurais Artificiais", *Revista IEEE Circuits and Devices* , vol. 4, não. 3–10, 1988, doi: 10.1016/B978-0-444-53632-7.01101-1.

Printed by Books on Demand GmbH, Norderstedt / Germany